Private Garden Design Chinese Style

私 家 庭 院 设 计 与 植 物 软 装 · 中 式 典 雅

本书编委会 编

中国林业出版社
China Forestry Publishing House

本书阅读使用说明

项目介绍

平面图

设计简介

植物细部介绍

植物软装点评

植物介绍

立面图

植物搭配

设计展示

设计展示

Preface
前言

造一处别院 享精致生活

致"私家庭院设计与植物软装"丛书

"小桥杨柳色初浓,别院海棠花正好",乍读此句,我们眼前已显现出这温润而美丽的春景。现代人的生活,当有现代人的追求,或田园生活的舒服与随意,抑或城市生活的快捷与便达。物质生活的富足让我们这些现代人有了追求不同生活的条件与权利。而与生活息息相关的居所,便成为我们努力去经营与创造的重点。

对于营造居所的设计师,或是居所的主人,要把我们带入到另一个境界,那是非常不容易的,这需要独到的思想和丰富的经验。为此,我们想用这一幅幅作品为大家展现别样的境界,这也算是我们编写此套书的初衷。整套书有四种风格,分别为中式、欧式、简约和混搭,也算是针对不同人的爱好和需要。我们想通过这些作品的展示,让追求美好生活的人们能找到些灵感,或那些已经有这么一处别院的人亲自设计一番。

"私家庭院设计与植物软装"是一次别院空间设计的旅行,我们希望大家在这次旅行中能唤醒一些美的情愫,发现通往自己内心的另一条道路,从一幅幅作品中,我们也能看到设计师在为我们美好的生活而努力。而翻看此书,我们更希望大家能去追求真正美好而精致的生活。

在此,我们要感谢这些为我们提供作品的每一位设计师,或者是别院的主人,因为他们的追求,才使得我们能为更广大的你们呈现美好的画篇。

编著者

Contents 目录

006-009	银色月光下的花园	Garden in the Silver Moonlight
010-013	北京龙湾别墅和院	Dragon Bay Villa
014-017	北京泰禾——运河岸上的院子	Landscape Design Of Beijing TAIHE Courtyard By The Cannel, East Phase
018-023	碧湖别墅	Sandstone Lakes
024-027	芙蓉古城	Furong Ancient Town
028-031	和贵新城	Noble New Town
032-035	合生城邦	HESHENG CITY
036-041	华南碧桂园燕园	South China Country Garden Swallo Garden
042-045	京都高尔夫中式别墅	Beijing Golf Chinese-Style Villa
046-049	君临5栋	Junlin No.5 Building
050-053	荔湖城	GZ Lakes
054-057	梦中的天地	World in Dream
058-061	平江路底楼花园	First Floor Garden, Pingjiang Road
062-065	七宝赵总	Qibao President Zhao's Garden Villa
066-069	沁风雅泾28号	Villa Riviera No.28
070-073	泉州奥林匹克花园别墅区56栋样板房园林庭院景观	Quanzhou Olympic Garden Villa 56 Model Room Landscape Works
074-077	日式枯山水庭院设计	Japanese Zen Garden 'Karesansui
078-081	上海银都名墅别墅花园	Shanghai Silver Villa Garden

私家庭院设计与植物软装·中式典雅

082-085	佘山高尔夫别墅3009号	Sheshan Golf Villa Garden
086-089	顺德碧桂园某别墅花园2	Villa Garden Country Garden2
090-093	台湾商会花园	Taiwan Chamber of Commerce Garden
094-097	提香别墅	Tixiang Villa
098-101	天鹅湖	Swan Lake
102-107	万科.棠樾	Vanke. Tangyue
108-113	威尼斯水城35栋别墅花园	NO.35 Villa Garden, Venice Canals
114-117	文华别墅	Mandarine Garden
118-121	五栋大楼	Five Buildings
122-125	五溪御龙湾	Five-Creek Imperial-Dragon Bay
126-129	西山美术馆	West Hill Art Museum
130-133	小金家	The King's Garden
134-137	扬州天沐温泉景观设计	Yangzhou Tianmu Hot Spring Landscape Design
138-141	易郡别墅某庭院	Ga Courtyard Of I-House
142-145	云间绿大地	The Greenhills
146-151	云栖蝶谷	Cloud Butterfly Valley
152-155	比华利	Spottiswoode Garden
156-160	月湖山庄假山水景	Top Forest Villa

私家庭院设计与植物软装/中式典雅

PRIVATE GARDEN DESIGN/CHINESE STYLE

Garden in the Silver Moonlight
银色月光下的花园

Location: London **Courtyard area:** 150 m² **Design units:** STUDIO LASSO LTD.
项目地点：伦敦　占地面积：150平方米　设计单位：STUDIO LASSO LTD.

在来自世界各地的设计师都竞相展现他们最新的园林设计思想的切尔西花卉展上，这是园林类展览中的第一个当代日式花园，其设计灵感来自于位于京都的17世纪建筑经典——桂离宫的观月台。这座花园是对日式审美感和与大自然亲密接触的一种现代诠释。日本传统中对大自然的哲学理解通过一个可以凭借水中月光的反射来观赏花园的平台表现出来，反映了我们所居住的是一个非永恒的、瞬变的、不断进化的世界这个观点。花园被打造成了一种艺术形式，刺激着人们的五官感觉，凝聚着许多活跃在景观、建筑、艺术和音乐前线的艺术家和设计师的心血。

一株树形优美、树皮光滑洁白的桉树静静地点缀在草坪中央，身姿优雅曼妙，在绿竹的衬托下宛若林中仙女，远处形态柔美的细茎针茅随风舞动，形成庭园中优雅的动感。

竹
细颈针芽

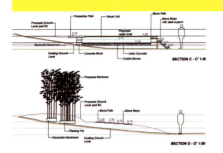
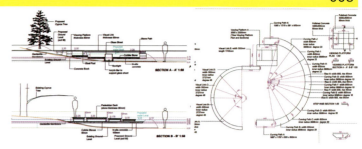

私家庭院设计与植物软装/中式典雅

PRIVATE GARDEN DESIGN/CHINESE STYLE

DRAGON BAY VILLA
北京龙湾别墅和院

Location: Beijing, China **Courtyard area:** 300 m² **Design units:** Ecoland
项目地点：中国 北京市　占地面积：300平方米　设计单位：Ecoland 易兰（亚洲）规划设计公司

　　龙湾为原创型别墅，以现代中式传统元素为源泉，并在结合了市场上主流的欧美风格，重新发掘与回归地域特色，以现代人文主义视角，融入了中国居住理念之后形成了龙湾的特色风格。针对京城水资源稀缺现状，结合地域水面特征，社区内建了4万平方米的内湖贯穿整个园区，创设组团式水景园林。

　　龙湾和院的建筑布局为十字形和T字形，这样自然就形成了三进式的四个庭院花园，细分了每个庭院的功能。下沉庭院主要为了提升地下室的采光与通风功能。在庭院的装饰上借用了很多中国传统建筑的元素，院墙采用装饰型花窗，雕塑与小品的设置体现价值感与生活场所的高品位气质。

这是一个充满浪漫情调的庭园,绚烂的月季、优雅的鸢尾、洁白的白晶菊共同装点着庭园,植物色彩、高度和形态的变化构成了一幅丰富的画卷。

圆柏
大叶黄杨
鸢尾
白晶菊
月季

私家庭院设计与植物软装/中式典雅

PRIVATE GARDEN DESIGN/CHINESE STYLE

Landscape Design Of Beijing TAI HE Courtyard By The Cannel, East Phase

北京泰禾——运河岸上的院子

Location: Beijing, China **Courtyard area:** 800 m²
Design units: L&A Urban Planning and Landscape Design (Canada) Ltd.
项目地点：中国 北京市   占地面积：800平方米   设计单位：加拿大奥雅景观规划设计事务所

主干道两侧以大乔木为主导，灌木、草坪丰富组团，偶尔显露出一段高的灰墙；在沿街7栋大宅入口又形成一个次级空间，门前古树把关，迎街影壁对景，很好地将空间序列戏剧性地推进。7栋宅院也以欧阳修的《醉翁亭记》中的词句来命名：临溪、蔚然、酿泉、林霏、幽香、林壑、双清。所有的庭院在高墙的围合下越显私密，其空间越显开阔，以现代中式风格来装点庭院，使得室内外建筑景观相互呼应，形成一处风格一致的庭院景观。

高高的灰色院墙设计给庭院带来更多的安全感，充分尊重了中国人的居住习惯。在木格栅与实墙的转换当中应用了借景的手法，扩大了视线的范围，同时也丰富了街巷的景观效果。庭院景观主体呈灰色调，简洁、质朴、沉稳、大气、宁静且富有质感，传统灰搭配汉白玉和白色的墙裙，既有中国式内涵，又富有现代感，使整个空间提气不少。宅门上设置了传统的铜梁、汉白玉浮雕、铸铜把手、铜雕壁灯，门前则摆放着汉白玉的门墩，整体将宅门的尊贵感体现出来。把街巷空间的各处细节布置作为每一个有生活价值的点，让整体空间的形式里蕴涵细节的连动感和序列感。

竹子、荷花和紫薇等富有情韵的植物把庭院装点得像一幅写意画，透着淡雅与诗意，简洁的墙壁为植物提供一个非常好的背景，即使在冬季单调的日子，墙壁上也会映出生动的光影。

紫薇
荷花
鹅掌柴
睡莲
竹

私家庭院设计与植物软装/中式典雅

PRIVATE GARDEN DESIGN/CHINESE STYLE

SANDSTONE LAKES
碧湖别墅

Location: Beijing, China **Courtyard area:** 75000 m² **Design units:** Hansi Zhuhai Co., Ltd.
项目地点：中国 北京市　　占地面积：75000平方米　　设计单位：珠海翰思景观设计有限公司

别墅区的总体景观和私家庭院的景观，或是因为水景、或是因为相似的曲线水岸，别墅的设计让人感觉到了内外景观的丝丝联系。泳池亦是庭院中一大景观。在保证泳池周边的私密性后，泳池边的平台上放置躺椅、阳伞，虽然只是简单的布置，对于炎热的南方，却很实用。泳池边上放置着大小各异的景石，看似仿佛从远处滚落于此，实际为此一景，此景很好地引出了在庭院另外一角的景观主题。

泳池远处，掩映在假山花丛中的景亭周边或假山、或跌水、或平桥，让人于亭间驻足时景观美不胜收。亭边有一组山石，亭后亦留一方异石，异石后以茂密的种植背景作为映衬，形成良好的对景效果，景观层次显得愈发丰满。大气的景观处理手法，亦不乏对景观细节之处的营造，让景观更富有生活气息和观赏趣味。

小溪两边及墙角处配置了丰富的植物,一株红花檵木桩景倾斜于溪流上空,富有动势,成为这组景观的视觉中心,周围配植了对节白蜡、棕竹和蒲葵等观叶植物,在形态、叶色和质感上与红花檵木形成强烈对比,旁边还点缀了多种时令花卉,增加了色彩和趣味。

棕竹
红花檵木
鸡爪槭
蒲葵
对节白蜡
月季

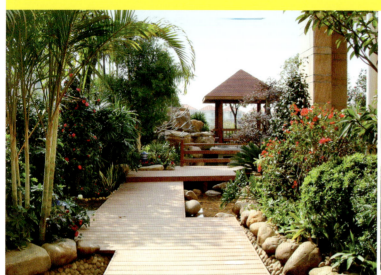

私家庭院设计与植物软装/中式典雅

PRIVATE GARDEN DESIGN/CHINESE STYLE

FURONG ANCIENT TOWN
芙蓉古城

Location: Chengdu, China　**Courtyard area:** 350 m²
Design units: Chengdu Green Art Garden Landscape Engineering Co., Ltd.
项目地点：中国 成都市　　**占地面积：**350平方米　　**设计单位：**成都绿之艺园林景观工程有限公司

　　亭、台、桥沿水而设，小巧的水景仿佛一直伴随行者左右，却又让行者一眼难以望到水的尽头，漫步其间，使人产生绵延悠长之感。水面与平台相接处，植物配景相当丰富，花、草等植物掩映下的景石、花钵，让水景更富有层次，也让远处的景亭充满情趣。在私密围墙下，本应种植密林遮掩其促狭，偏有假山跌水、水景源头藏于此处，不仅给人惊喜，也给小小的空间赋予了更多的景观意义。

丰富的植物环绕在庭园的周围，植物软化了围墙的轮廓，郁郁葱葱的植物也使得庭园充满生机，同时，庭园内与庭园外的植物交织在一起，模糊了庭园的边界，增大了景观空间。

竹
小叶格
山茶
红枫
八角金盘
袖珍椰子
金边吊兰
棕竹
南天竺
广玉兰

私家庭院设计与植物软装/中式典雅

PRIVATE GARDEN DESIGN/CHINESE STYLE

Noble New Town
和贵新城

Location: Chengdu, China **Courtyard area:** 124 m²
Design units: Chengdu Green-Nest Ecological Garden Engineering Co., Ltd.
项目地点： 中国 成都市 **占地面积：** 124平方米 **设计单位：** 成都绿巢生态园林工程有限公司

  首先花园内边界空间造型采用圆形作为主题元素，通过这种手法与建筑的风格相协调，增强总体环境的统一感，并通过不同的装饰材质来围合不同的空间区域，这样在视觉上给人以富于变化的统一感，同时也丰富了花园空间的总体层次。如利用石材作为花池的边界与草坪空间之间形成了良好的分割关系，花池与草皮之间采用低矮的草本植物作为装饰，弱化了过渡之间的生硬之感；野趣池塘边上的圆形木质地台与太阳伞下的休闲座椅之间构成的休闲之处与花园之间形成了亲密的对应关系。秋千摇椅的地面用自然的花岗岩作为装饰的铺装来限定一个休闲的空间，仍然采用了圆形的装饰元素。香草园采用了植物作为装饰的主题，采用红砖砌制的花池、台阶、花池旁边的花篱装饰给人以美式的田园风格。中间造型优雅的大树形成了该区域的视觉中心，同时遮挡了野趣池塘的视线，并成为空间之间的过渡元素。

平静、清澈的小水池中装点着多种水生植物，如菖蒲、旱伞草、马蹄莲和大藻等，植物种类多而不乱，显得井然有序，水池周围种植着杜鹃等植物，一同组成一幅明快别致、宁静秀美的景观。

金钟花
栀子花
芋
菖蒲
马蹄莲
旱伞草
大藻

私家庭院设计与植物软装/中式典雅

PRIVATE GARDEN DESIGN/CHINESE STYLE

HESHENG CITY
合生城邦

Location: Shanghai, China　**Courtyard area:** 62 m²
Design units: Shanghai GreenSense Garden Design Centre
项目地点：中国 上海市　**占地面积**：62平方米　**设计单位**：上海市绿意庭院景观设计中心

　　整个庭院是凹字形，形状变化比较大。门前的一块区域显得较为宽敞，该区域种植大片草坪，给予业主更多的应用功能。

　　花园用大面积的草坪作为室外景观，考虑了室内外之间的相互对应关系，保证了整体大气、简约的设计风格在室内外之间的衔接与过渡；首先在视线上大面积的草坪为室外空间提供了欣赏建筑本身的场地空间，并保证厚重的建筑形式不至于对人产生压抑感，设计充分考虑了场地空间中建筑与庭院的视线关系。花园的边界空间采用高低搭配的植物与建筑之间在视觉上形成良好的图底关系，使得建筑在不同的角度都有丰富的背景作为映衬。

姿态清秀的竹丛、青翠葱茏的八角金盘以及轻盈潇洒的红枫一起精心地布置在粉墙前面，形成一幅秀美典雅的景观。

红枫
竹
八角金盘
沿阶草
南天竺

私家庭院设计与植物软装/中式典雅

PRIVATE GARDEN DESIGN/CHINESE STYLE

South China Country Garden Swallo Garden

华南碧桂园燕园

Location: Guangzhou, China **Courtyard area:** 360 m² **Design units:** SJDESIGN
项目地点：中国 广州市　　占地面积：360平方米　　设计单位：广州·森境园林·园林景观工程有限公司

　　这个占地4万平方米的6层建筑有33个房间供法庭使用，还有相关的支持设施和罪犯关押设施，为当地的司法部门提供了急缺的空间。为了效率，高大空间用的设备都安置在靠近整平地面的地方。公共流通系统对初次使用的人来说也很方便。

　　这个设计为典型的法庭楼层给人以新的感受，一种"背靠背"的法庭安排缩短了法官和相关人员的行走距离。对于参与审判的人来说，能在法庭上见到自然光和户外风景也能削减一些压力。

散尾葵株形婆娑优美，姿态潇洒自如，为庭园增加了景致和趣味，同时也起到软化建筑几何外形和模糊轮廓的作用，下层郁郁葱葱的春羽同散尾葵形成对比和呼应。

春羽
散尾葵

038

私家庭院设计与植物软装／中式典雅

PRIVATE GARDEN DESIGN/CHINESE STYLE

Beijing Golf Chinese-Style Villa
京都高尔夫中式别墅

Location: Beijing, China **Courtyard area:** 600 m²
Design units: A&S International Architectural Design & Consulting Co.,Ltd.
项目地点：中国 北京市　占地面积：600平方米　设计单位：北京翰时国际建筑设计咨询有限公司

园内设计融合了诸多景观的特色，运用中式基调融合日式小景的设计手法。庭院通过精心的规划将整座别墅掩映于一片诗情画意的美景之中。

花园的总体设计简明而大气，且充分关注与建筑风格相统一。设计手法上注重空间节奏的变化及细部设计，特色点为不同空间环境的衔接自然而富于变化，疏密有致。几处静谧区域点缀的小景为花园增添了生动的情趣。

白玉兰花繁而大、美观典雅、清香远溢,每当花期满树繁花、如云如雪,在灰墙绿树背景的衬托下,更富诗情画意。绣线菊亮丽的叶色丰富了庭园色彩,使得一年四季均有景可赏。

金山绣线菊
玉兰
丁香

私家庭院设计与植物软装/中式典雅

PRIVATE GARDEN DESIGN/CHINESE STYLE

Junlin No.5 Building
君临5栋

Location: Nanjing，China **Courtyard area:** 120 m²
Design units: Nanjing QinYiYuan Lanscape Design Co.,Ltd.
项目地点： 中国 南京市 **占地面积：** 120平方米 **设计单位：** 南京沁驿园景观设计艺术中心

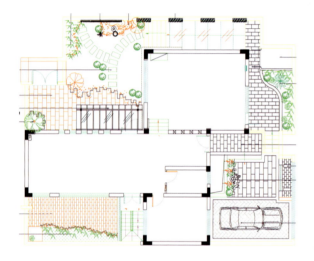

　　复杂的建筑构造，分割庭院空间，景观设计师保留建筑分割下可以充分利用的空间，并加以营造，打破或再造不可利用或难以利用的空间，景观设计穿插于建筑之中，又或是建筑环绕着景观，建筑空间与景观空间相互交替，使人身在其间，不知不觉中感受到空间的交替、变化。庭院之外亦有空间，几栋建筑围合，营造出一处公共庭院空间，中间种植一株大树，下设茶座，周围层层花池。地面铺装细致、大气，小品古朴大方，此处空间更显院落之感，透露些许里弄气息。

亭亭玉立的竹子、修剪成球形的大叶黄杨、伞形的苏铁以及垂枝的龙爪槐相互之间在形状、线条和质感方面都形成有趣的对比，在白墙的映衬下，构成一幅清秀典雅的画面。

竹
龙爪槐
鸢尾
黄杨
苏铁
垂丝海棠

私家庭院设计与植物软装/中式典雅

PRIVATE GARDEN DESIGN/CHINESE STYLE

GZ Lakes
荔湖城

Location: Guangzhou, China　**Courtyard area:** 360 m²　**Design units:** SJDESIGN
项目地点： 中国 广州市　**占地面积：** 360平方米　**设计单位：** 广州·德山德水·园林景观设计有限公司

这庭院的东院是占地面积较大的主体庭院，在这个区域的功能空间规划中设计了供聚会的休息平台，临近北院的一角，平台用木质平台搭建，透过平台可以观赏东院大面积开阔的草坪。在草坪上点缀以草本组合的花坛小景，调节空间的气氛，营造宜人的自然景观氛围；在东院内侧与建筑之间巧设一个枢纽，用来联系室内外空间，建立室内客厅与东、南院之间的灵活通道，进而有效提高庭院的利用率。

沿路前行营造曲径通幽的氛围，在尽端摆设的沙岩景观雕塑，活跃空间的氛围。行进此处，绿树葱葱，在这里放松心境或驻足思考，呼吸清新空气，享受幽静氛围，是最佳之处。

本案的环境规划基于对客观环境的充分考虑，经过精心的设计降低了客观环境影响，营造出闹中取静、极富自然气息的别墅花园景观。

竹丛枝秆挺拔、亭亭玉立、袅娜多姿、清秀而又潇洒,同时竹竿本身的重叠也是一道亮丽的景观,地面的八角金盘丰富了景观层次,其宽大而奇特的叶片同清秀的竹叶形成鲜明的对比。

竹
春羽

私家庭院设计与植物软装／中式典雅

PRIVATE GARDEN DESIGN/CHINESE STYLE

World in Dream
梦中的天地

Location: Chongqing, China　　**Courtyard area:** 1200 m²
Design units: Guangzhou SUNC Landscape & Design Construction
项目地点：中国 重庆市　　占地面积：1200平方米　　设计单位：广州市山川园景设计工程有限公司

一座传统味道浓厚的山水诗画园林，如一幅幅水墨山水，体现自然之美和艺术气韵．也体现了主人家的一种文化内涵。

在设计时，注重意境的营造，借用了中国传统的造园手法，而又对传统有所改变，融合了现代的审美要求，与日式园林枯山水的完美结合，使整个园林无处不透着丝丝禅意。

在设计中大量运用了青砖和不规则碎铺文化石，并将自然形石块与白色石米掺杂白色卵石组成的枯山水，行云流水般贯穿于整个花园。再由自然石板盆景台错落有致的点缀，并巧妙穿插假山叠水于其中，勾勒出一个绿意盎然，看似随意，实际上却无处不蕴涵着诗意的中式园林山水画卷。

罗汉松、松树、鸡爪槭、白兰花、杜鹃和沿阶草等植物高低错落、疏密有致地配置在道路两侧,营造出一种山间小道的氛围,尤其当杜鹃开花时可使整条园路繁花锦簇,显得更加生动。

白兰花
鸡爪槭
罗汉松
日本五针松
杜鹃花
麦冬

私家庭院设计与植物软装/中式典雅

PRIVATE GARDEN DESIGN/CHINESE STYLE

First Floor Garden, Pingjiang Road
平江路底楼花园

Location: Shanghai, China   **Courtyard area:** 50m²   **Design units:** Shanghai Taojing garden design Co.,Ltd.
项目地点：中国 上海市   占地面积：50平方米   设计单位：上海淘景园艺设计有限公司

本案的规划中鱼池是庭院的核心景观元素，结合主人的爱好将观赏与精神追求融为一体；鱼池旁设计的休闲区为主人提供了聚会的场所，也可兼做观赏锦鲤的平台空间；锦鲤鱼池空间的存在成为本案体现主人生活方式的一个动态空间，驻留在平台上，人与游鱼之间成为感情互动的一个整体，在蓝天美景之下，享受阳光的晨曦与余辉，进一步体现了主人的怡情雅致；岸边精心选择的自然石头构成了水域的边界线，突出了自然的野趣，同时烘托了池内锦鲤的色彩，大有谐趣横生的意境。休闲区的设计紧邻建筑，成为建筑室内空间延展至室外空间的一个部分，深色的防腐木材质的颜色与建筑的风格气质相统一，简洁而大气。位于池旁一角设置的木质秋千为欣赏院内的美景提供了异样的观赏空间，增加了观赏空间的层次。

多层次的绿化将小溪营造得丰富多彩、变化无穷。春季杜鹃五彩缤纷，夏季紫薇灿烂，秋季金桂飘香，冬季茶梅凌寒绽放，一年四季都有花可赏、有景可观。

紫薇
桂花
红花檵木
南天竺
毛鹃
茶梅

私家庭院设计与植物软装/中式典雅

PRIVATE GARDEN DESIGN/CHINESE STYLE

Qibao President Zhao's Garden Villa

七宝赵总

Location: Shanghai, China   **Courtyard area:** 65 m²
Design units: Shanghai Minjingxing Gardening Engineering Co., Ltd.
项目地点：中国 上海市　　占地面积：65平方米　　设计单位：上海闽景行园林绿化工程有限公司

设计中采用以小见大的方式。设计景观小河，散置于河边的小石头、单块石头的假山和小池塘，运用小尺度的景观来表现大尺度的自然景观。门前利用木质平台铺装，与假山、流水、池塘、植物一起营造了一个舒适、幽静的庭院效果。

青翠的草坪铺满庭园,荷花、菖蒲、花叶常春藤及金边麦冬等植物点缀在水池和水池边上,院子四周配植了竹、月季等植物,既软化了庭园的轮廓,也增添了色彩和情趣。

紫竹
月季
金边阔叶麦冬
金叶常春藤
菖蒲

私家庭院设计与植物软装/中式典雅

PRIVATE GARDEN DESIGN/CHINESE STYLE

VILLA RIVIERA No.28
沁风雅泾28号

Location: Shanghai，China　**Courtyard area:** 400 m²
Design units: shanghai pufeng landscape design project Co.,Ltd.
项目地点： 中国 上海市　**占地面积：** 400平方米　**设计单位：** 上海朴风景观装饰工程有限公司

　　本案的庭院空间并不富裕，通过设计师的精心规划，展示出收放自如的景观空间，整体尺度设计与功能之间的结合紧密而富于亲切感。进入庭院的大门便设有一个小的景观空间，运用绿植作为空间的前景并与紧邻的休闲平台区相连接，在进入庭院之前采用先抑后扬的空间手法作为欣赏庭院的第一感官；连接至建筑入口的是散落在庭院之中的石头汀步，沿路前行，开阔的草坪展现在人的眼前，空间变得开阔，心情自然随之变得豁然开朗；行至此处便可看到由防腐木制作而成的儿童沙坑以及紧邻客厅的休闲平台，在休闲平台上放置了木质户外家具，外侧有木质矮凳，可供多个亲友在此相聚并享受欢乐时光。

　　南院靠河改造的亲水平台，以鹅卵石拼花图案、青石铺地面，突出清爽自然的乡野情趣，摆放在这里的休闲座椅表面由石头纹理构成，这些材质与地面的铺装材质相映成趣。南院靠北侧设计成大草坪，场地的周边用树木和植物作为该区域空间的围合景观元素，在视线上起到了遮挡的作用。大草坪北侧采用整石铺装的路径一直延展到北院的尽头，两个区域之间用木制的小门作为出入的空间过渡元素，给人以亲和感，北院内设置的小型蔬菜园，可为家人提供亲身体验田园乐趣；在此设置的晾晒区，满足了居家日常的使用功能。

草坪周围被茂密的植物环绕,形成一个宁静悠闲的绿色空间。上层主要由柑橘、枇杷和石榴等果树组成,既可观花、赏果,还有新鲜的水果可尝,下层主要以观花观叶的草本和灌木为主,增添色彩和意趣。

柑橘
苹果
柿树
枇杷
红花檵木
狼牙草
蜀葵

私家庭院设计与植物软装／中式典雅

PRIVATE GARDEN DESIGN/CHINESE STYLE

Quanzhou Olympic Garden Villa 56 Model Room Landscape Works

泉州奥林匹克花园别墅区56栋样板房园林庭院景观

Location: Quanzhou, China **Courtyard area:** 446.9m²
Design units: Dongguan Baihe landscape Design CO.,LTD
项目地点：中国泉州市　占地面积：446.9平方米　设计单位：东莞市百合园林设计工程有限公司

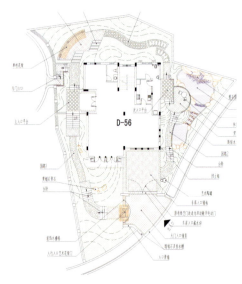

本案建筑设计为东南亚风格，为与整体风格融合，庭院设计以现代中式风格为主，融合东南亚风格元素于其中。小区属山体别墅，入口设计采用的都是暖色调，有中国特色的入口花架、木栅格与金麻黄景墙结合，既秉承了中国传统特色又不失现代时尚感。

庭园面积不大，如何在有限的空间里合理安排休闲空间、合理组织交通，从而使庭院显得精致而温馨是设计重点之一。特色花架休息区，花架、铺装、绿化种植之间比较协调，做工也比较精细，使整个休闲区显得温馨而舒适。园路采用冷色调的青石板冰裂纹铺装，与其余暖色调平台铺装形成对比，与道路两边的绿化浑然一体。

散尾葵、春羽、金叶假连翘、大叶伞及蜘蛛兰等观叶植物装点着这个庭园角隅，柔化了建筑的几何边界，植物之间的叶色、叶形又形成有趣的对比，让园路显得生机勃勃，尤其是金叶假连翘亮丽的色彩，让人有一种明快、健康的感觉。

棕榈
散尾葵
大叶伞
春羽
金叶假连翘

私家庭院设计与植物软装/中式典雅

PRIVATE GARDEN DESIGN/CHINESE STYLE

Japanese Zen Garden 'Karesansui'
日式枯山水庭院设计

Location: Chengdu, China　**Courtyard area:** 126 m²
Design units: Chengdu Green-Nest Ecological Garden Engineering Co., Ltd.
项目地点：中国 成都市　占地面积：126平方米　设计单位：成都绿巢生态园林工程有限公司

　　日式庭院多注重意境的营造，对于细部的处理为其长项。狭长的通道空间，辅以幼沙、粗石和竖向空间的竹篱，独具风格，立刻让人感到日式庭院特有的强烈静谧感和浓浓禅意，在功能上也有着视线引导的作用，将自然的美感扩大升华。圆形的休憩空间近水临荫，在枝叶掩映处有日式风格特有的净手钵和河童雕塑，于林荫中泡上一壶热茶听着汩汩水声，看着竹踪鱼影，确能洗净都市烦恼。日式风格追求疏密有致，看似无意却暗富匠心。以竹篱为背景，上有爬藤植物，前有白色枝干线条优美的乔木，加上随意散置的景石，处处入画，也处处诠释着景观中的细节之美。

富于韵律、格调高雅的小径两侧精心点缀了几株形态秀美的肾蕨和沿阶草。植物虽然小，但是却富有生气和美感，并增加了平面的变化。

紫叶李
洒金桃叶珊瑚
肾蕨
麦冬

竹篱笆门意境

日式石灯意境

和贵馨城张女士私家花园方案

和贵馨城张女士私家花园方案

PRIVATE GARDEN DESIGN/CHINESE STYLE

私家庭院设计与植物软装/中式典雅

SHANGHAI SILVER VILLA GARDEN
上海银都名墅别墅花园

Location: Shanghai, China **Courtyard area:** 260 m² **Designer:** Wei Ding Can
项目地点：中国 上海市　　占地面积：260平方米　　设计师：魏定灿

设计师将现代形式与传统江南古典园林的元素加以结合与提炼。线条简洁的格栅置于小径一端，如同江南园林中常见的障景的处理；蜿蜒曲折的溪流上设置一小巧的木制桥，从线形构成上将溪流欲断未断，更显幽静绵长；庭院一角设置古朴的石井作为装饰，其上有厚重浓绿的青苔和耀白的莲花，成为景观亮点。阳光充足的私家庭院搭配以月桂、沿阶草等，本地植物，颜色浓郁，在阳光照耀与雨季滋润中会呈现出不同的色泽与视觉效果。

一条狭窄的石板路隐藏在植物中，杜鹃花、南天竺、茶梅和沿阶草等观花观叶植物种植在边界上，使得望向庭园的视线变得更加深远。

樱花
南天竺
金边大叶黄杨
山茶
麦冬
栀子

私家庭院设计与植物软装/中式典雅

PRIVATE GARDEN DESIGN/CHINESE STYLE

Sheshan Golf Villa Garden

佘山高尔夫别墅3009号

Location: Shanghai, China　**Courtyard area:** 350 m²
Design units: Shanghai Minjingxing Gardening Engineering Co., Ltd.
项目地点：中国 上海市　占地面积：350平方米　设计单位：上海闽景行园林绿化工程有限公司

　　别墅前为一条景观河，为很好地利用河边的景色，并满足人们亲水的要求，在河边设计亲水的景观桥，不仅可以满足主人的功能需求，而且还具有很好的观赏性。庭院中设计简洁，采用大面积的草坪，搭配简单的、观赏性较高的乔灌木，不仅美观，而且便于打理。庭院主要的功能区域即门前的休息平台和河边的景观亭。在夏日的傍晚，主人可以边休息边欣赏河上的美丽景色，不失为一个很好的选择。

前景中乔木高大弯曲的树干富有情韵和动势，并同台阶顶端经过修剪的五针松遥相呼应。鲜艳的红枫、亮丽的观赏草以及盛开的山茶、牡丹、雏菊和水仙等植物增加了庭园的色彩和趣味，共同形成了一幅秀美绚丽的景观。

小叶榕
山茶
红枫
芍药
百日草
日本五针松
观赏草
麦冬

私家庭院设计与植物软装/中式典雅

PRIVATE GARDEN DESIGN/CHINESE STYLE

VILLA GARDEN COUNTRY GARDEN 2

顺德碧桂园某别墅花园2

Location: Jiangmen，China　**Courtyard area:** 560 m²
PARTNER: Zhangfeng,S Landscape Design Studio　**DESIGN COMPANY:** Yi Jing Jiangmen design company
项目地点： 中国 江门市　**占地面积：** 560平方米　**设计单位：** 张峰景观设计室　**设计公司：** 江门市颐景设计工程公司

庭院景观中，水景空间贯穿整个庭院，大面积的水面、山石让景观更显自然。层层跌落水景于平台空间环绕、交织，间置假山、景石驳岸，小桥跨水而过，平台亲水而歇，远处泳池的平静水面与此处潺潺跌水呼应。平台一侧乔、灌、草、层层叠叠，绿色环绕；一侧小溪跌水，缓缓而流，将周围的景致都收于各处平台之上，不浪费每一处水景的展示，最大化地展示了庭院的景观。

山茶树冠多姿、叶色翠绿、花大色艳，与水池相伴，景色自然宜人。此外，山茶四季长青，开花于冬末春初万花凋谢之时，尤为难得。

山茶
杜鹃
春羽
绿萝
鸢尾
月季
鹅掌柴

PRIVATE GARDEN DESIGN/CHINESE STYLE

私家庭院设计与植物软装/中式典雅

Taiwan Chamber of Commerce Garden
台湾商会花园

Location: China　**Courtyard area:** 268m²　**Design units:** Shanghai Minjingxing Gardening Engineering Co., Ltd.
项目地点：中国　**占地面积**：268平方米　**设计单位**：上海闽景行园林绿化工程有限公司

　　设计师运用交叠关系使庭院大门的方向与建筑大门的方向形成垂直的角度，大门面向东方，大有紫气东来之意。面对庭院的入口，大门变的隐蔽，只能看见优美的轮廓作为空间的延展伸向庭院的深处。白色的涂料，精美的汉白玉、松柏、地灯在突出浓浓的生活气息的同时，也勾勒出东方庭院的神韵。

弯曲多姿的松树配植在枯溪流的两侧，盘根石畔，巍然挺拔，迎风冒寒，显得苍劲挺拔、果断而强悍，石头旁边还点缀着山茶，增加了趣味。背景中雪松尖尖的树冠丰富了天际线的变化。

雪松
松树
山茶

PRIVATE GARDEN DESIGN/CHINESE STYLE

私家庭院设计与植物软装/中式典雅

TIXIANG VILLA
提香别墅

Location: Shanghai, China   **Courtyard area:** 360 m²
Design units: Shanghai Minjingxing Gardening Engineering Co., Ltd.
项目地点：中国 上海市   占地面积：360平方米   设计单位：上海闽景行园林绿化工程有限公司

庭院中，以干净的草坪为中心，起伏的假山石为背景；茂密的植被相围合。

在庭院的总体规划中运用地面材质的变化来弥补入户区的不足之处，并增加了空间的节奏变化；入户区一侧的车道采用了花岗岩的材质，停车场与入口之间的衔接以植物区作为过渡的元素，提升了通道的趣味性，并丰富了色彩的层次。碎拼整板镶嵌的入口通道在视觉上给人以舒适感。

后花园的空间设计则借鉴了中国传统的造园理念——挖池筑山，运用土方平衡的原理将地形进行了合理的调整。形成了曲线的山体，地形有了起伏的变化，通过精心设计的山中步道将半山的亭子及户外休闲区有机联系在一起，同时增进了花园的别致感，让人的视野更加开阔。随着花园中点缀的野趣，主人可以在不同的空间中停留、休息、欣赏，并使得空间的景观获得移步换景的效果。

通往庭院两侧的沙砾及汀步小径与庭院汀步相衔接，并以此作为过渡的视觉元素与花园融合为一个整体。

一块平整、翠绿的大草坪平铺在庭园中央,周围被高大的乔木和茂密的灌木环绕,营造出一种柔和、令人放松的气氛,可以在这里散步、娱乐和休憩,尽情享受庭园带来的乐趣。

珊瑚树
杜鹃花
竹
苏铁
沿阶草

私家庭院设计与植物软装/中式典雅

PRIVATE GARDEN DESIGN/CHINESE STYLE

Swan Lake
天鹅湖

Location: Shanghai, China **Courtyard area:** 105 m²
Design units: Chengdu Mei Jing Jin Shan Landscape Engineering Co., Ltd.
项目地点：中国 上海市 占地面积：105平方米 设计单位：WZMH建筑公司

　　阳光从镂空的花架中斑斑驳驳地照进来，四周别致精巧的花坛，木质的桌椅，高低错落的树木，透过树影，隐约可见相距不远处的古亭。溪流在中间流淌，走过丛丛绿意，穿过木质平台，最后到达一片巨石林中。以景为点，以水连线的手法，使整个庭院充满了现代的气息与大自然的味道。

海芋的叶片翠绿，大而舒展，肾蕨的形态自然潇洒，丰满的株形富有生气和美感，以及还有其他观叶植物与平静、清澈的水池一起构成了一幅宁静优美的画面。

山茶
海芋
栀子花
凤眼莲
肾蕨

私家庭院设计与植物软装/中式典雅

PRIVATE GARDEN DESIGN/CHINESE STYLE

Vanke. Tangyue
万科．棠樾

Location: Dongguan, China　**Courtyard area:** 280 m²
Design units: Tierre Design (S) Pte Ltd., Singapore
项目地点： 中国 东莞市　**占地面积：** 280平方米
设计单位： 提厄拉设计（新加坡）私人有限公司

　　中式建筑中的庭院空间一般会有室内外空间的相互穿插、交替，空间的复杂性往往较其他庭院风格要大。

　　中式庭院的营造在细节处更见精细，多给人带来韵律、意境之感。此处庭院则以一墙分隔建筑前后景观，墙上设一门洞，采用现代形式，简洁到极致的方式。两处浓浓古风的石雕分居于门洞两侧，于细节处更胜往日繁复，点缀处处中式古风。门上的古印雕刻，庭院一角的小片竹景，中庭空间水景环绕的小小空间中尤其中心处的简洁构架，更是加强了中式文脉意境。

以传统灰砖为基调的建筑本身就是一幅精致典雅的景观，配植在建筑周围的鸡蛋花、竹、叶子花和春羽等植物起着装点和衬托的作用。水池中配置了香蒲、水菖蒲和再力花等植株秀丽的观叶植物。

竹
鸡蛋花
叶子花
菖蒲
再力花
香蒲

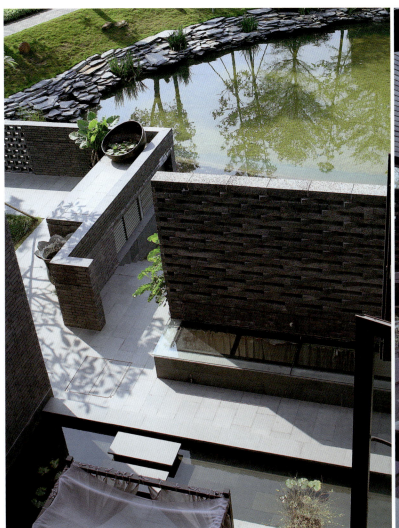

私家庭院设计与植物软装/中式典雅

PRIVATE GARDEN DESIGN/CHINESE STYLE

NO.35 VILLA GARDEN, VENICE CANALS
威尼斯水城35栋别墅花园

Location: Nanjing, China　**Courtyard area:** 60 m²　**Design units:** Nanjing QinYiYuan Lanscape Design Co.,Ltd.
项目地点：中国 南京　占地面积：60平方米　设计单位：南京沁驿园景观设计艺术中心

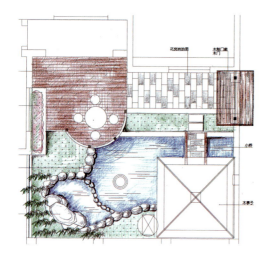

　　庭院中自然式的道路分割出多块绿地，绿地空间营造出不同的景观区域，或观景的水景雕塑，或放置一处休息摇椅，或种植几株景观树木，使景观得到合理布置。入口处的花架作为庭院中最大的构筑物，和小院围墙材料以及形式相呼应，的确不显得那么孤单。

桂花、红枫和龙爪槐等植物种植在水池周边，打破了水景边缘的僵硬，水面上漂浮着大藻，增加了趣味。如果能在水池周围配植几丛杜鹃或装饰几盆时令花卉，将使庭园显得更加生机盎然和有趣。

紫竹
桂花
大藻
红枫

私家庭院设计与植物软装/中式典雅

PRIVATE GARDEN DESIGN/CHINESE STYLE

MANDARINE GARDEN

文华别墅

Location: Shanghai, **Courtyard area:** 60 m²
Design units: Shanghai Yuemen Landscape Design Consultants Co., Ltd.
项目地点： 中国 上海市　　**占地面积：** 60平方米　　**设计单位：** 上海月门景观设计咨询有限公司

庭院绿色的草坪配合重重乔木、灌木、地被植物，营造庭院清新、静谧气氛。于小径端头，修剪成造型的点点灌木丛仿佛雕塑一般并与小径互为对景。庭院一角，茂密绿树环绕着一方木景亭，让这处绿色空间更多了一些神气，正是庭院的灵魂之所在。水景紧邻建筑出口，流水环绕而出，水边异石林立，木桥跨水而过，秋色树种点缀其间，与木亭互为景观、相互映衬，让景观更显意境悠远。

丰富的植物配置将小溪营造得异常热闹,有自然式的也有修剪成球形的,有观叶的也有观花的,有色叶树种也有常绿树种,这些植物在形态、色彩和纹理上形成有趣的对比,组成了一组秀美绚丽的景观。

香樟
红枫
紫叶李
鸡爪槭
苏铁
旱伞草
侧柏
杜鹃
麦冬

私家庭院设计与植物软装／中式典雅

PRIVATE GARDEN DESIGN/CHINESE STYLE

Five Buildings
五栋大楼

Location: Beijing, China **Courtyard area:** 600m²
Design units: Hefei Ruijing Garden Landscape Engineering Co., Ltd.
项目地点：中国 北京市 **占地面积：**600平方米 **设计单位：**合肥瑞景园林景观工程有限公司

　　该案独特之处是将室内与露台进行有机整合，通过结构优化相互融合，并营造出互动的露台景观特色，在保证私密性需求的基础上，提供了休闲功能性与观赏性俱佳的都市型私家小花园景观。在结构优化基础上，将露台巧设为三级木平台进而形成空间的高差变化，丰富空间的层次感；在平台一侧设计的户外休闲区，可为主人提供居家休闲的浪漫空间，这里的露台延边及角落采用花坛、植物、座椅、小水景等景观元素作为装饰，增添了自然的立体绿化视觉，在实现功能需求的基础上，又满足主人对花园观赏性的需求。

在榕树下装点了散尾葵、鸢尾、桂花和三角梅等植物，在水池里配置了凤眼莲和菖蒲，以及在假山上还攀爬着常春藤，这些植物给休息平台增添了生机和趣味。

富贵椰子
旱伞草
叶子花
桂花
鸢尾

私家庭院设计与植物软装/中式典雅

PRIVATE GARDEN DESIGN/CHINESE STYLE

Five-Creek Imperial-Dragon Bay
五溪御龙湾

Location: Guangzhou, China **Courtyard area:** 485 m² **Design units:** SJDESIGN
项目地点： 中国 广州市   **占地面积：** 485平方米   **设计单位：** 广州 · 森境园林 · 园林景观工程有限公司

　　首先将上下庭院按照功能的分区设计成较为休闲的聚会区与欧式水景区两个部分，两部分之间采用垂直螺旋梯作为连接，保证了空间的联系，使得庭院上下成为一个整体；利用前后庭院之间的不同高差将不同的功能空间进行合理区分，保证了各个空间之间的相互独立性。

　　运用明快的色彩作为装饰材质的点缀色，以此改观下沉空间的沉闷和压抑的感觉，提升下沉空间的趣味性，并结合南加州的设计风格让空间充满浪漫、热烈的氛围是本案设计的亮点。通过这些手法既解决了原有的不足，同时艺术地再现了南加州的艺术风格。

　　在水景区的庭院设计中，充分结合南加州的建筑风格，通过轴线来组织室内外空间视觉元素，设计了风格独特的水景与雕塑相结合，地面铺装采用卵石与小豆石组合成美丽的图案，搭配马赛克格纹拼花地面，既呈现古典艺术气息，又具有休闲实用性；低矮的围墙边缘采用天然的石材作为装饰，再现了质朴优雅之风。

花坛中清秀典雅的金边麦冬很好地映衬着景石，花坛边缘点缀了一株滴水观音，其叶形秀丽、绿意葱茏，尤其是它的佛焰花序形如观音，增添了意趣。

桂花
滴水观音
金边麦冬

PRIVATE GARDEN DESIGN/CHINESE STYLE

私家庭院设计与植物软装/中式典雅

WEST HILL ART MUSEUM
西山美术馆

Location: Beijng, China　**Courtyard area:** 150 m² 　**Design units:** Beijing Shuaitu landscaper Gardening Co.,Ltd
项目地点： 中国 北京市　**占地面积：** 150平方米　**设计单位：** 北京率土环艺科技有限公司

门是柴扉，路是万径，卵石是河流，石头是闲山，小草是森林，花池是远山，这一切被远山包围着，滴水声如天籁般纯净，而正如诗云"不远的山顶上积雪融融春夜，一盏石灯笼的冥想满月的水潭洗着奈良的尘烟，而樱花睡去，你心如这瓣和那瓣的梦。松一株苍劲又凄凉地写出了绵绵的草书，随缘的白沙扬波，三五块石头，是远航的船也是归来的帆亦或是逸向林里的板桥：木屐声声又消失，仿佛停留在春夜这盏石灯笼边，像水墨画里一位高人，他成为自己的庭园"。

玉簪、八宝景天、金边龙舌兰、黄刺玫以及麦冬等植物装点着道路的两侧，攀爬在廊架的紫藤增添了意趣，植物和廊架所产生的镜框效果也演绎出幽深的庭园世界。

元宝枫
紫藤
黄刺玫
八宝景天
金边龙舌兰
菖蒲
玉簪
麦冬

私家庭院设计与植物软装/中式典雅

PRIVATE GARDEN DESIGN/CHINESE STYLE

The King's Garden

小金家

Location: Shanghai, China **Courtyard area:** 168m²
Design units: Shanghai Minjingxing Gardening Engineering Co., Ltd.
项目地点：中国 上海市   占地面积：168平方米   设计单位：上海闽景行园林绿化工程有限公司

本案在总体规划中充分结合庭院空间尺度，对生活空间的功能进行了合理地规划和改造，将不同功能空间集中设置，使得庭院看上去更加规整、有序。庭院内的视觉设计统一而富于变化，打破了狭窄空间形成的压抑感。庭院的细节设计丰富，与庭院造型之间的搭配统一而协调，突出了设计的整体感。

生动感是进入庭院的最大感受，首先源自对空间节奏的规划和把握，运用开、合、收、放的景观空间处理手法作为这个庭院空间节奏的主线，将北院的庭院入口区设置成景观观赏区，丰富这里的视觉层次，引导人的视线进入到下一个空间范畴。这里布置了错落有致的花坛，采用表面肌理整洁的装饰材质，营造清新宜人的空间气氛；花坛内的植物与入口区点缀的绿化相呼应，乔木与灌木的高低搭配层次感丰富。地面由暖色的花岗岩材质与卵石搭配的图案铺装而成，铺装与锈石制成的汀步相连，延伸至南院；通过这样简约的设计，使人在穿行西院空间时感受的是整洁与大气，避免了狭小空间的凌乱之感，在狭小空间内采用放松的处理手法设计为其他空间的设计做好铺垫；进入南院的是圆形的沙质铺装地面，轻松的造型活跃了空间的氛围，这里既作为同行的空间，沙质的铺装也可称为儿童嬉戏的场所，实现了功能上的多重性。

醉鱼草枝繁叶茂,紫色的顶生直立穗状花序艳丽而雅致,充满野趣,和旱伞草、观赏草等植物一起给庭园营造出一种自然有趣的氛围。

醉鱼草
旱伞草
松树
观赏草

私家庭院设计与植物软装/中式典雅

PRIVATE GARDEN DESIGN/CHINESE STYLE

Yangzhou Tianmu Hot Spring Landscape Design

扬州天沐温泉景观设计

Location: Yangzhou, China　**Courtyard area:** 115 000 m² 　**Design units:** TOA NORTH SCAPE CO., LTD
项目地点：中国 扬州市　　占地面积：115 000平方米　　设计单位：诺风景观设计咨询（上海）有限公司

与丰富的自然环境共存的空间设计。保留天然动植物栖息地，保护重要的生态视线走廊，应用当地材料和建筑色彩基调，展示扬州的传统文化风格，选用乡土植物，制造理想的温泉度假氛围。

设计理念依据当地环境设定，把绿色作为主要景观要素，合理利用、调整改造和顺应其建筑生态环境，创造出与自然融合在一起的景观环境。

把自然的基本元素与温泉度假村的基本元素结合起来，在休闲空间的塑造中保持这些即使很细小但是非常有趣味的自然人文景观部分。

以温泉为主要休闲项目的度假村，为寻求高品质生活质量的现代人，提供了一个融入健康、养生、休闲、会议、商务、度假等因素，刺激游客视觉、听觉、味觉，拥有大中型的、VIP小型的各类温泉设施，可以满足游人的各种需求的绝佳去处。

在自然步道两侧，进行了乔木、灌木、地被的分层配置，丰富了景观层次，同时将洒金桃叶珊瑚、红花檵木、金边黄杨、一串红、菊花等观叶观花植物进行植物色彩、肌理的对比和调和。

枫杨
洒金桃叶珊瑚
苏铁
菊花
红花檵木

PRIVATE GARDEN DESIGN/CHINESE STYLE

私家庭院设计与植物软装/中式典雅

GA COURTYARD OF I-House
易郡别墅某庭院

Location: Beijing, China　**Courtyard area:** 600 m²
Design units: Beijing Yihe Yuanjing Landscape Engineering Design Co., Ltd
项目地点：中国 北京市　　占地面积：600平方米　　设计单位：北京市宜禾源境景观工程设计有限公司

庭院一角的假山石水景，留给驻足于亭中的人更多的景观，使得亭子成为庭院中一处停留、休憩的私密空间。庭院入口处精致的影壁、门头与建筑风格相呼应。

屋檐下木平台与光滑的石材铺装相接，一侧种植线条疏朗的植物，使得窗外的景观清新动人。

红枫、垂枝榆、大叶黄杨和竹之间的形态、线条、质感及色彩都形成了鲜明的对比,给亭子增添了趣味,同时郁郁葱葱的植物也给亭子带来了荫凉和幽静的感觉。紫薇艳丽的花朵为庭园增添了色彩。

银杏
竹
鸡爪槭
垂枝榆
紫薇
大叶黄杨
鸢尾

私家庭院设计与植物软装／中式典雅

PRIVATE GARDEN DESIGN/CHINESE STYLE

THE GREENHILLS
云间绿大地

Location: Shanghai, China　**Courtyard area:** 260m²
Design units: Shanghai Minjingxing Gardening Engineering Co., Ltd.
项目地点： 中国 上海市　　**占地面积：** 260平方米　　**设计单位：** 上海闽景行园林绿化工程有限公司

　　云间绿大地，为满足主人对空间的需求，设计中采用大面积的草坪，并用特色的乔灌木进行搭配，简洁大方。庭院设计风格为中日结合风格，日式：运用日式庭院中特有的枯山水、石臼等元素很好地体现了日式的风格。中式：植物的搭配、小路的铺装特色、古典的亭子都是对中式很好的表达。

开阔、平坦的大草坪上蜿蜒着两条小径,周围被乔木和灌木围合起来,形成一个明快简洁的庭园空间。

石楠
桂花
紫叶李
红花檵木
枇杷

私家庭院设计与植物软装/中式典雅

PRIVATE GARDEN DESIGN/CHINESE STYLE

CLOUD BUTTERFLY VALLEY
云栖蝶谷

Location: Hangzhou, China　**Courtyard area:** 800 m² 　**Design units:** Australia, BBC A&L Design Pty. Ltd.
项目地点：中国 杭州市　占地面积：800平方米　设计单位：杭州奥雅建筑景观设计有限公司

　　这纯粹的花园式庭院空间，以草坪代替铺装材料的出现，让整个庭院显得更加完整一体。没有使用过多的硬质材料，设计师仅用不同的绿篱或树木围合出了不同的空间和小径。密密的绿篱中跳出的红色木质小院门，透露着些许异域风情。

　　庭院小径仿佛穿行于数世纪前的日式庭院中，路幅宽阔的木桥和质朴大气的廊架，一处处景观小品构筑分布于小径周边，掩映在林荫草坪之间，让这处庭院景观愈加丰满。

在水池边、小溪边上，进行了层次多样的绿化，靠近水岸的陆地上种植了樟树、银杏等高大乔木，岸边配植了杜鹃、红枫等观花观叶灌木，浅水区种植了荷花、芦苇、再力花等挺水植物，水面上点缀了睡莲等浮水植物，多层次的绿化将小溪营造得异常热闹，营造出一种山林溪流、自然野趣的氛围。

芦苇
香樟
荷花
睡莲
水菖蒲
再力花
鸡爪槭

私家庭院设计与植物软装/中式典雅

PRIVATE GARDEN DESIGN/CHINESE STYLE

Spottiswoode Garden

比华利

Location: Shanghai, China   **Courtyard area:** 350 m²
Design units: Shanghai Pufeng Landscape Design Project Co.,Ltd.

项目地点： 中国上海   **占地面积：** 350平方米   **设计单位：** 上海朴风景观装饰工程有限公司

本案的装饰材质体现了清新、明快、质朴的装饰效果，突出了美式田园的风格特征，白色的廊架及花架等装饰造型突出了这种风格的特点，红砖装饰与白色的涂料形成强烈的色彩对比，通过这些细节的点缀突出了清新宜人的环境氛围；点缀在不同角落的装饰小品调节了空间气氛，突出了休闲、舒适的设计思想。

运用材质的特征来突出设计的风格，并保证庭院与建筑风格的一致性是本案设计的又一亮点。任何一种设计的风格都有其系统的材料作为表达的语言，材质的色彩及肌理效果既可反映这种形式，同时也可营造统一形象，避免视觉元素的混乱。

　　樟树和法国冬青等郁郁葱葱的常绿植物沿着庭院的围墙种植，既营造了私密的庭院空间也增添了清凉宁静的气氛，内侧则点缀了樱桃、枇杷和柑橘树种，即可赏花观果，也可带来鲜美的水果。

法国冬青
蜡梅
柑橘
樱花
常春藤
红花檵木

PRIVATE GARDEN DESIGN/CHINESE STYLE

私家庭院设计与植物软装/中式典雅

Top Forest Villa

月湖山庄假山水景

Location: Shanghai, China　**Courtyard area:** 200 m²　**Design units:** Shanghai Taojing garden design Co.,Ltd.
项目地点： 中国 上海　**占地面积：** 200平方米　**设计单位：** 上海淘景园艺设计有限公司

　　环绕着水池的边界可以欣赏卵石雕琢的驳岸，驳岸舒缓的曲线形成了池水清澈透底的效果，缓步岸边自然有清新爽朗的心情爬上心头。一排野鸭石雕排成一线，母子一行，充满谐趣；水池旁矗立的木亭与垂柳，倒映在池底的清水之中，木桥横跨水池之上，一幅小桥流水人家的美景映入眼帘。行至水池的尽端，设置一处片石构成的假山，山内设置了流水的叠瀑，潺潺流水之声亦可环绕于耳。行走在北院之中，既可享受诗一般的视觉美景，又可听到自然的流水之音，闻到草皮清新的气息，真正可以体验视觉、嗅觉、听觉的自然大餐，让人心情舒畅。在北院的水池边界，驻留在木质平台之上可以欣赏到水池美景的最佳视角，也为主人提供了一个可以品茶赏景的好去处。水池驳岸随着曲线在不同的位置发生着改变，不同种类的绿植被精心安排在变化的曲线上打破了边界的呆板，让水池更有生命感；水景区内水的变化也是多样的，有垂直跌落的水，亦有池中突泉的水，这一切形成了水的韵律。在水岸的边界与草皮之间，木质的平台与草皮之间用漂亮的花草来镶嵌，让一切设计元素之间变得更加自然、柔和而温馨。

　　西院是为玫瑰园设计的，原有的玫瑰是女主人为先生栽的，散种在花园各个角落，在花期花朵显得零零落落，经过改造统一集中到玫瑰园，便于管理、观赏。本案呈现给人的感觉一切是柔和的，建筑与周边的关系由木质平台相连接，天使造型的水池给人以童话的幻想。木质的花篱营造着温馨浪漫的氛围；简洁的户外烧烤炉为庭院生活添加了别样的情趣。

青翠高大的竹篱环绕在庭园周围,给庭园带来宁静清幽的氛围,同时也为假山和叠瀑提供了良好的背景,高山流水,相映成趣,点缀在庭园中的梅花、菖蒲、芭蕉等雅致而有韵味的植物也提升了庭园的格调和品位。

竹
梅
小叶黄杨
水菖蒲
千屈菜